ISBN 978-0-364-11783-5
PIBN 10847519

This book is a reproduction of an important historical work. Forgotten Books uses state-of-the-art technology to digitally reconstruct the work, preserving the original format whilst repairing imperfections present in the aged copy. In rare cases, an imperfection in the original, such as a blemish or missing page, may be replicated in our edition. We do, however, repair the vast majority of imperfections successfully; any imperfections that remain are intentionally left to preserve the state of such historical works.

DIALOGO
ARITMETICO

Nel quale si contengono i veri fonda-
menti dell'Arte.

COMPOSTO
DA D. GIACOMO
VENTVROLI

*Maestro dell'Abaco superiore delle Scuole Pie
di Bologna,*

**Cauato dal suo Compendio, & altri Autori
per vtile degli Scolari di quelle.**

IN BOLOGNA,

Per gli Heredi di Euangelista Dozza. 1662.

Con licenza de' Superiori.

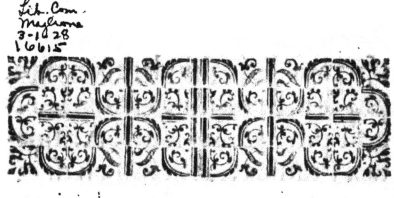

ILLVSTRISSIMI
SIGNORI.

Er confeſſione, non
già per ſodisfattio-
ne de' miei infini-
ti oblighi verſo le
SS. VV. Ill.me pre-
ſento loro riuerentemente que-
ſto Dialogo, nel quale per vtile,
e facilità degli Scolari di queſte
Scuole (ſingolar eſſenpio di Cri-
ſtiana, e letterata carità) mi ſono
                                    sfor-

sforzato di rinchiudere con ogni più à mè possibile facilità le regole più necessarie dell'Aritmetica Prattica. Ed era ben di ragione, ch'io corrispondessi vna vna volta à i fauori di cotesta Illustrilsima Congregatione con publici, & dureuoli frutti. Posciache considerando come io restassi da essa sommamente onorato nel farmi successore del Sig. Mariggini huomo di quel valore, e sapere, ch'è noto à ciascuno, hò stimato mio debito il corrispondere con aperte, e laboriose testimonianze dell'arte alla stima; qual ella si sia, che le SS. VV. Ill.me hanno mostrate

del

del mio debole talento. Riceuano per tanto, le supplico, con allegro sembiante questo mio picciolo dono, assicurandosi, che non ostante la sua tenuità, procede però da vn' affetto riuerentissimo, e da vn desiderio ardente di faticar di continuo in seruitio della Sant' Opera di coteste Pijssime Scuole, con isperanza, che la loro discretezza habbia ad appagarsi di questo lieue principio, col quale con ogni riuerenza mi protesto

Delle SS. VV. Ill.me

Deu.mo & Oblig.mo Ser.

Giacomo Venturoli.

AL LETTORE.

ECcomi di nuouo, ò Lettore in publico auanti la tua cortesia con un Dialo-go Aritmetico, quantunque nel mio Breue Compendio t'habbia promesso il Miscellaneo; perciò non mi tacciar mancator di parola; poiche la pouertà scusa un buon' habito; E viui felice.

Visi

V. Ditemi, che coſa ſtudiate in queſta Scuola?

S. Aritmetica prattica.

V. Che coſa è Aritmetica?

S. Quella è vna ſcienza, o arte in quantità diſcreta, che deriua dalla parola greca a rithmos, che in noſtra lingua ſignifica numero.

V. Queſta Aritmetica in quante parti ſi diuide?

S. In due, Teorica, & Prattica.

V. Qual è la Teorica?

S. E quella, che conſidera la natura, definitione, comparatione, e diuiſione di qualſiuoglia numero.

V. Qual è la Prattica?

S. E quella, che conſidera i numeri, che ſono pertinenti all'vſo del traffico mercanteſco.

V. Che

V. Che cosa è numero?

S. Questa è vna composta moltitudine di più vnità, ò sia raccolta di più vnità.

V. Prima, che più quanti passiamo, dite, che cosa sia vnità?

S. Questa non è numero, ma ben sì madre, origine, & principio di qualsiuoglia cosa.

V. Giache dite studiare Aritmetica prattica, hauerei caro sapere quanti siano gli atti di questa?

S. Cinque furono sempre da' nostri antichi detti, cioè, leggere, sommare, sottrare, moltiplicare, e partire.

V. Che cosa è leggere?

S. Questo è vn esprimere, e dichiarare qualsiuoglia numero con le sue proprie figure, & caratteri.

V. Di quante figure si serue questa Aritmetica prattica?

S. Di dieci, cioè, vno, due, tre, quattro, cin-

cinque, sei, sette, otto, noue, e zero,
& qualsiuoglia di loro riceue il suo nome dal luogo doue si troua, ouero dal-
le vnità; che in sè contiene, eccettuato
la decima, che niuna cosa per sè medesima significa; ben'è egli vero, che po-
sto da mano destra di qualsiuoglia figura le dà gran forza.

V. Haurei caro intendere qualche regola
per leggere questi numeri.

S. La regola è questa, che proposta qualsiuoglia quantità di numeri, si diuide-
ranno à tre, à tre, & ogni ternario si
chiama periodo, & questo perciò prin-
cipiando sempre da mano destra,
per andar verso la sinistra. Adunque
il primo carattere del primo periodo
verso la destra significa vnità semplice,
il secondo decina, il terzo centenara, il
primo del secondo periodo vnità sépli-
ce di migliaia, il secondo decina, il terzo

cen

centinara di migliaia;il primo del terzo
vnità semplice di millioni; il secondo
decina, terzo centenara di millioni; il
primo del quarto vnità semplice di
migliaia di millioni,il secondo decina,
il terzo,centenara di migliaia di millioni,il primo del quinto vnità semplice
di billioni, il secondo decina, il terzo
centenara di billioni, il primo del sesto
vnità semplice di migliaia di billioni,
il secondo decina, il terzo centenara di
migliaia di billioni, il secondo decina,
il terzo centenara di migliaia di billioni,
& così discorrendo sempre verso mano sinistra, 937690,579496,5405
V. Che cosa è sommare?
S. Questo è vna raccolta, ò aggregatione
di due, ò più numeri della medema
spetie, e vale per sè sola quanto tutte
l'altre insieme, e detta raccolta si chiama somma.

V. Vor-

V. Vorrei qualche essempio per far questo?

S. Il modo è questo più pratticato, che proposta qualsiuoglia quantità di numeri da sommarsi, sempre si comincia da mano destra sommando la prima colonnella, e serbando le decine d'aggiungersi alla seconda colonnella, & l'vnità auanzate si scriuono sempre sotto la medesima colonnella, e così discorrendo sempre verso mano sinistra, e sia di quante si voglia colonnelle il sommare proposto, eccettuato l'vltima sinistra, che tutti i numeri si notano in carta. Essempio, 1773, 796, 854, 3700, 6900, 7700, 8300, che sommate fanno 31023.

V.Che

$$
\begin{array}{r}
2773 \\
796 \\
854 \\
3700 \\
6900 \\
7700 \\
8300 \\
\hline
31023 \\
\hline
\end{array}
$$

V. Che cofa è fottrare?

S. Quefto è il ritrouare la differenza di due numeri della medefima fpetie quali neceffariamente deuono effere frà loro eguali, ouero l'vno maggiore dell'altro. Per effempio Francefco hà preftato ad Antonio lir. 40. doue Antonio gli hà reftituito lir. 35. che difpofti 1 numeri come fiegue, fi vede Antonio reftar debitore di Francefco lir. 5. che diferenza fi chiama.

lir.

lir. 40

$$\frac{35}{5}$$

V. Che cosa è moltiplicare?

S. E' il pigliare tante volte vn numero, quante volte si troua lo stesso in vn'altro numero. Per essempio, che si douesse moltiplicare 7 via sei, che fà 42. che prodotto si chiama

$$\begin{array}{r} 7 \\ 6 \\ \hline 42 \end{array}$$

V. Che cosa è partire?

S. Questo è il vedere quante volte vn numero misuri vn'altro numero, e tal quátità quotiente si chiama. Per essempio se si douesse partire 25 per 5, che in tal caso si vede il 5 misurare il 25 cinque volte, che quotiente si chiama.

$$5 \mid \overset{25}{\underset{5}{}}$$

A 4   V.Già

V. Già hauete detto il fommare effere vn'aggregatione di due, ò più numeri della medefima fpetie, hauerei caro fapere fe vna tal forte di fommare fi troua.

S. Quanto alla definitione fi potrebbe dire darfi vna fol forte di fommare, mà quanto alla fpetie de'numeri varij fono chiamati i fommari, poiche fe fi fommano lire, foldi, e denari delli quali 12. fanno vn foldo, e 20. foldi fanno vna lira, fi dice fommare di lir. fol. e din.

Quando pofcia fi fommano corbe, quartiroli, e quarticini, delli quali 8. fanno vn quartirolo, e quartiroli 16. fanno vna corba; lo dicono fommare di corbe, quartiroli, e quarticini.

Quando fommano libre, oncie, ferlini, e caratti delli quali 10. fanno vn ferlino, 16. ferlini fanno vn'oncia, e 12. oncie fanno vna libra, e quefto lo chiamano
                                    fom-

sommare di lib. onc. ferl. e caratti.

Quando sommano libre, oncie, ottaui, caratti, e grana delle quali 4. fanno vn caratto, 20. caratti fanno vn'ottauo, è 8. ottaui fanno vn'oncia, e 12. oncie fanno vna libra, lo dicono sommare di lib. onc. ottaui, car. & grana d'argento; o d'oro.

E quando sommano pesi, libre, e oncie; poiche 12. fanno vna libra, e 25. libre fanno vn pesó, lo dicono sommar di pesi, lib. & onc. & altre simili specie di numeri si potrebbono dire.

Et quelle, che hò discorso del sommare; il medesimo s'intende del sottrare.

V. Il moltiplicare hà egli vna sola operatione?

S. Varie sono quelle; poiche si dice moltiplicar per digito, organetto, ripiego, crocetta, scauezzo, all'indietro, alla fiorentina, à piramide, triangolo, quadra-

drato, gelosia, &c. Qualsiuoglia di questi modi piglia il suo nome dalla figura, che resta formata dall'operante nel
far quello.

V. Dite se del partire vn sol modo si troua.

S. Varij sono quelli, e qualsiuoglia hà il
suo nome dalla figura, che forma, ò dal-
l'operatione, o dall'operante, cioè per
colonna, danda, mezza danda, scauezzo, galera, battello, &c.

V. Già che mi hauete detto esser cinque
gli atti dell'Aritmetica prattica trattan-
do perciò degl'intieri: hora haurei
caro sapere se delli rotti vi si hanno le
medesime regole.

S. Certo sì.

V. Quali sono.

S. La prima è lo schifare i rotti proposti.

V. Che cosa è schifare?

S. Questo è il ritrouare vn numero, che
diuida il numeratore, e denominatore,
sen-

senza auanzo di cosa alcuna ; fà mestie-
ro hauertire perciò, che il numeratore
si dice il numero sopra la linea, & il denominatore quello, che stà sotto, per
essempio? il 2. si dice numeratore, &
il 3. denominatore.

V. Prima che più auanti passiamo, dite
che cosa sia rotto.

S. E' quello, che si ritroua minore del suo
intiero.

V. Dite qualche regola per schifar questi
rotti.

S. Due sono le regole, la prima è il trouare à tastoni vn numero, che diuida il
numeratore, e denominatore senza
auanzo di cosa alcuna.

La seconda è il diuidere il denominatore
per il numeratore, & il quotiente non
si considera, mà ben sì l'auanzo, che serue per diuidere il numeratore, e così
scambieuolmente discorrendo fin tanto,

to, che dalla partitione auanzi nulla ,
che all'hora quell'vltimo auanzo si
chiama il malsimo schifatore del rotto.
Vero è che quando auanzasse qualche
cosa, e non si potesse più diuidere quel
tal rotto, si dice inschisabile.

V. Che cosa è sommare de' rotti.

S. Questo è vn'aggregatione di due, ò più
numeri rotti in quella maniera, che de
gl'intieri fù detto.

N. Vorei qualche regola, & essempio di
questo.

S. E questa, che se fosse proposto da som-
mare $\frac{7}{3}$, e $\frac{1}{4}$ che moltiplicato in cro-
ce, e li prodotti sommati, & la somma
diuisa per il prodotto delli denominato-
ris fra loro l'auenimento è lir. 1 $\frac{1}{4}$ a $\frac{1}{2}$

Po-

$$\frac{7}{8} \quad X \quad \frac{4}{8}$$

Potrebbesi anco dire, li sette ottaui di lira essere soldi 17. dinari 6. & li tre
quarti soldi 15. che sommati insieme
fanno scudi 1. 12. 6.

V. Vi è altra regola per ottenere il suo in-
tento di quello?

S. Trouasi vn' altro modo più bello, qual
serue per qualsiuoglia quantità di numeri proposti ritrouando sempre vn
massimo denominatore, & sia per es-
sem.

sempio, che si douesse sommare.

$$\frac{3}{4} \quad \frac{5}{6} \quad \frac{2}{3}$$

$$\frac{3}{4} \qquad 12 \qquad\qquad 15$$
$$\qquad 9 \qquad\qquad 16 \quad 8$$
$$\frac{5}{6} \qquad 10 \qquad\qquad 13 \quad \frac{4}{}$$
$$\qquad 8 \qquad\qquad \frac{}{2} \quad \frac{}{5}$$
$$\frac{8}{9} \qquad 27 \frac{1}{} $$
$$\qquad 2 \quad 4$$

V. Cosa è sottrar de' rotti?

S. Questo è il ritrouare la differenza di due numeri rotti in quella forma, che de gl' intieri fù detto, & in questo si opera secondo i modi del sommar de' rotti, saluo che in quello i prodotti s' aggiungono; & in questo si sottranno. Per essempio, che si douesse sottrare cinque sesti da noue decimi, che operato per il primo modo la differenza sarebbe vn quindicesimo, che sono soldi 1. 4. e così discorrendo de gl' altri modi.

V. Che

$$\frac{5}{6} \quad X \quad \frac{9}{10}$$

$$54$$
$$\underline{50}$$
$$4$$
$$60$$
$$\frac{4}{15}$$

V. Che cosa è moltiplicar de' rotti?

S. Questo è il pigliare tante volte vn numero quante volte si ritroua in vn altro numero, come nella definitione de gl' intieri è stato detto.

V. Il modo di operare in questo?

S. Si moltiplicano i numeratori frà loro, & il prodotto si pone sopra vna linea, & li denominatori frà loro, & il prodotto si pone sotto la medesima linea. Per essempio, che si douesse moltiplicar due terzi via cinque sesti il suo prodotto è dieci dicidottesimi, che schisati sono cinque nouesimi.　　　V. Che

$$\frac{2}{3} \quad \frac{5}{6}$$

$$\frac{10}{18}$$

$$\frac{4}{5}$$

V. Che cosa è partire de' rotti.

S. E il vedere quante volte vn numero misura vn'altro numero come ne gl' interi, è stato diffinito.

V. Vorrei il modo di operar in questo.

S. Due sono i modi: il primo è, che si moltiplica il numeratore del partitore via il denominatore del numero da partire, e tal prodotto serue pel' partitore, & il denominatore del partitore via il numeratore del numero da partire, e tal prodotto è il numero da diuidere. Per essempio, che si douesse partire cinque sesti per tre quarti, che operato, l' auuenimento è scudi vno, e due di

dicidottefimi , che fchifati fono vn no-
uefimo.

$$\frac{3}{4} \times \frac{5}{6}$$

$$18 \quad \frac{20}{1} \quad \frac{1}{9}$$

La feconda regola è , che fi ponedà man̄o
deftra il partitore ponendo il denominatore fopra la linea , & il numeratore
fotto , & operato con li documenti del
moltiplicare l'auenimento è vn noue-
uefimo come fopra.

$$\frac{5}{6} \quad \frac{4}{3}$$

$$\frac{20}{18} \quad 1 \quad \frac{1}{9}$$

V. Oltre li 5. atti già deferitti, cioè leggere , fommare , fottrare , moltiplicare,
& partire tanto de gl'intieri quanto de'
rotti, quefta Aritmetica prattica hà altre
regole?

B   S. Hà

S. Hà vna regola, che si chiama regola
del tre, delle proportioni, & d'oro, qual
poscia resta diuisa in dritta semplice, in
rouerscia semplice, composta dritta,
composta rouerscia, e molteplice, alle
quali restano aggionte queste due regole, cioè cattaio semplice, e cattaio
doppio, quali seruono per disporre in
regola del tre, quelli quesiti, che mancano di qualche termine neccessario a quella, come a suo luogo si dirà.

V. Dite, che cosa sia questa regola del tre,
delle proportioni, e d'oro?

S. Questo è vn trattato di quattro numeri
proportionali, de' quali i tre primi sono
conosciuti, & il quarto incognito si ri-
cerca per la forza delli tre primi conosciuti.

V. Questa regola hà alcuna osseruatione?

S. Tre sono le sue osseruationi neccessarie.
La prima è, che il primo termine sinistro,

stro, & il terzo deftro fiano fempre di
vna medefima natura, e qualità.

La feconda, che il numero, che feco porta
la difficoltà fi ponga in terzo deftro, &
il numero fcompagna o nel fecondo.

La terza è che fi moltiplica il terzo termine deftro via il fecondo, & il prodotto
fi diuide per il primo finiftro, e quel
tal quoriente è della venuta del fecondo
termine, & prezzo del terzo deftro.

V. Dire vn effempio di quefta?

S. Per effempio, fe vno diceffe hauer
comprato brazza fei di Panno per lire
36. qual voleffe fapere il prezo di bra-
za 8 5. della medefima bontà, e qualità, che difpofto il conto con le offer-
uationi di fopra, & operato l'auuenimento fono. lire 5 1 0. giufto prezzo
delle brazza 8 5.

V. Che

S. Hà vna regola, che si chiama regola
del tre, delle proportioni, & d'oro, qual
poscia resta diuisa in dritta semplice, in
rouerscia semplice, composta dritta,
composta rouerscia, e molteplice, alle
quali restano aggionte queste due regole, cioè cattaio semplice, e cattaio
doppio; quali seruono per disporre in
regola del tre, quelli quesiti, che mancano di qualche termine necessario a quella, come a suo luogo si dirà.

V. Dite, che cosa sia questa regola del tre,
delle proportioni, e d'oro?

S. Questo è vn trattato di quattro numeri
proportionali, de' quali i tre primi sono
conosciuti, & il quarto incognito si ri-
cerca per la forza delli tre primi conosciuti.

V. Questa regola hà alcuna osseruatione?

S. Tre sono le sue osseruationi neccessarie.
La prima è, che il primo termine sinistro,

ſtro, & il terzo deſtro ſiano ſempre di
vna medeſima natura, e qualità.

La ſeconda, che il numero, che ſeco porta
la difficoltà ſi ponga in terzo deſtro, &
il numero ſcompagnato nel ſecondo.

La terza è che ſi moltiplica il terzo termine deſtro via il ſecondo, & il prodotto
ſi diuide per il primo ſiniſtro, e quel
tal quoriente è della ſcruta del ſecondo
termine, & prezzo del terzo deſtro.

V. Dite vn eſſempio di queſta?

S. Per eſſempio, ſe vno diceſſe hauer
comprato brazza ſei di Panno per lire
36. qual voleſſe ſapere il prezo di bra-
za 85. della medeſima bontà, e qualità, che diſpoſto il conto con le oſſer-
uationi di ſopra, & operato l'auenim-
mento ſono lire 510. giuſto prezzo
delle brazza 85.

V. Che

B. lir.

6. 36. 85.
3060
510

V. Che cosa è regola del tre rouerscia?

S. Questo vn trattato di quattro numeri proportionali, come della dritta habbiamo detto, & in questa si deue osseruare, che il ...., che porta seco la difficoltà e partitore, e gli altri due si moltiplicano fra loro, & il prodotto è il numero da diuidere. Per essempio quando la corba del formento vale lir. 9. il fornaro da oncie 3 5. di pane per quattro soldi. Dimandasi pagando quella lir. sette, e mezza quante oncie ne darà per quattro soldi, che operato l'auenimento sono oncie 42.

V. Dite

$$\frac{\text{I.}}{9.3\ \natural\ 7.\ 2.}$$
$$2\ :\ 15$$
$$18$$
$$\overline{630}$$

oncie 43

Dite per tanto, che cosa sia regola del
tre composta, mista doppia, & del
cinque?

S. Questa è vna compositione di diuersi
numeri moltiplicati frà loro; poiche in
questa regola non solo si propongono
i tre numeri certi della regola del tre,
ma ne restano aggionti altri, che la
fanno diuenire composta, & mista;
posciache, il primo termine sinistro,
& il terzo destro costaranno sempre al-
meno di due cose. Doppia, perche
con due regole del tre si può risoluere,
& del cinque si dice perche contiene in
se ordinariaméte 5. termini. Per essem-

pio, che si dimandasse il guadagno di
lir. 980. in anni 8. e mesi 4. a ragione
semplicemente di lir. 5. per cento l'anno, che disposta la regola dicendo in
anni vno, ouero in mesi 12: lire cento
guadagnano lir. 5. che guadagnaran-
no lir. 980. in anni 8. mesi quattro,
ouero in mesi cento, che operato l'a-
uenimento sono lir. 408. & vn terzo,
che sono il guadagno di lir. 980. in anni 8. mesi 4.

M.	lir.	lir.	lir.	M.
12	100	5	980	100
12	100		980	100
			4900	1
		lir.	408	3

V. Che cosa è regola del tre composta
mista doppia, & del cinque rouerscia?

S. Questa è vna compositione di diuersi
numeri, come della passata habbiamo
                                    detto

detto, poiche da quella in altro non differisce, saluo che nell'operatione del tempo, che seco porta la difficoltà, perche in quella si pone il tempo in quinto luogo destro, & si moltiplica via la quantità delle lire, che seco porta la difficoltà, e tal prodotto serue per terzo termine della regola del tre, mà in questa il medesimo tempo si pone in primo termine sinistro, & si moltiplica via il guadagno per cento, e questo è il partitore, e gl'altri tre termini moltiplicati frà loro sono il numero da diuidere. Per essempio, che si cercasse da qual Capitale deriuasse vn guadagno di lir. 400. fatto in anni 9. a ragione semplicemente di lir. 5, per 100. l'anno, e tal conto si dispone in regola dicendo anni 9. lir. 5. deriuano da vn Capitale di lir. 100. lir. 400. di guadagno in anni vno, da qual Capitale de-

riua-

riuaranno, che operato tal Capitale fono lir..888. & otto nouesimi.

A.	lir.	lir.	lir.	**A.**
9.	5.	100.	400.	1.
45.			5| 40000	
			9	8000 8	
				888 9	

V. Che cosa è regola molteplice?

S. Questa è vna risolutione d' vna catena
di più termini, che sono molte regole
del tre, che si potrebbe risoluere.

V. Quante osseruationi hà questa regola?

S. Due particolarmente, la prima è nel
disponerla, che si deue auuertire il primo sinistro sia sempre della natura del-
l' vltimo destro, qual farà sempre il numero, che seco porta la difficoltà, & il
secondo sinistro sia sempre equiualen-
te al primo, e così discorrendo di tutti
gl' altri termini, eccettuato l'antepenul-
timo, che farà sempre scompagnato, e
quello

quello in che verrà quotiente farà di fua hatura.

La feconda offeruatione è, che nell'operare fi moltiplica il primo termine deftro via il fuo antecedente, e poi fe ne lafcia vno, e fi moltiplica l'altro con quel prodotto, e così difcorrendo fempre verfo mano finiftra l'vno sì, e l'altro nò, e quefto è il numero da partire, e tutti i termini lafciati moltiplicati frà loro fono il partitore. Per effempio, che fi diceffe per canepa lib. 18500. dà lir. 15. il 100. cauato prima lib. 4. per 100. di tarra quante corbe di formento fi riceueranno da lir. 7. la corba, e tal quefito fi difpone in regola dicendo lib. 100. di canepa fono eguali a lir. 15. e lire 7. fono eguali a corbe vna di formento, & lib. 100. romano nette di tarra lib. 96. che tornaráno lib. 18500. che l'auenimento fono corbe 380. e quattro fettimi.   V. Che

lib.	lir.	lir.	corb.	lib.	lib.	lib.
100.	15.	7.	1.	100.	96.	18500

-70000   111000.

166500

1776000

26640000

corb. 380. ¼

V. Che cosa è regola del Cattaio semplice, ò sia falsa positione semplice?

S. Questa è vna regola necessaria per met-
tere in regola del tre quelli quesiti quali
mancano di qualche termine necessario alla medesima regola.

V. Vorrei qualche essempio di questa.

S. Sia, che si cercasse vn numero, che le-
uatone il quarto, e quinto, e sesto, ne
rimanesse 230. che operato, che il detto numero fosse 60. che il quarto è 15.
il quinto è 12. & il sesto è 10. quali tre
numeri sommati fanno 37. che sottrat-
ti da 60. ne restano 23. numero simile

a

a 2 3 0. per tanto si dice con la regola del
tre se 2 3. dà 60. che darà 2 3 0. che operato sono lir. 600.

1	60	2 3.	60. 230
4	15	1	13800
1	12	1	600
5	10	4	150
1	37	1	120
6	60	5	100
	2 3	1	370
		6	600

230

V. Cosa è regola del Cattaio doppio, ò
sia falsa positione doppia?

S. Questa è vna regola molto necessaria per disponere in regola del tre quelli quesiti, che mancano di molti termini necessarij in quella.

V. Vi è alcuna osseruatione in questa regola?

S. Vi sono queste quattro, se bene poscia
in

in riftretto non fono fe nó tre, cioè più,
e più fempre fi fottra méno , & meno
fempre fi fottra più , & meno fempre fi
sóma , meno , & più fempre fi fomma.

V. Vorrei vn effempio?

S. Eccolo , Antonio dimanda il prezzo
di qualfiuoglia di tre Caualli, che co-
ftano lir. 2 5 0 0. delle quali il prezzo del
primo non sà , e dice il fecondo valere
quanto il primo meno lir. 2 0. il terzo
quanto il fecondo più lir. 3 0. che operato il prezzo del primo fono lir. 8 3 6.
e due terzi, il fecondo lir. 8 1 6. e due
terzi, & il terzo lir. 8 4 6. e due terzi,
che fommati fanno lir. 2 5 0 0.

V. Oltre

```
    200        400   600          
    180        380               2
    210        410          836  ─
  ─────      ─────               3
    590       1350               2
   2500       2500          816  ─
  ─────      ─────               3
 m.1910    13 10 m.              2
   13 10     262000        1846  ─
  ─────                          3
    600      764000
             ──────        2500
             502000
```

V. Oltre le regole già dette hauete voi alcune regole breui per far i conti à me-
moria?

S. Ne habbiamo alcune.

V. All'operatione di queste. Compro il
cento della Canepa lir. 18. dimando
quanti soldi vaglia la libra?

S. Per saper questo parto le lir. 18. per 5.
che il quotiente sono sol. 3. din. 7, &
vn quinto, e tanto costa la libra.

V. Per-

V. Perche si parte per 5.

S. Perche si doueria moltiplicar per 20.
sotto il 18. e farne soldi, e poi partire
per cento, ma considerando io il 20.
essere la quinta parte di cento, per tal
ragione partisco per 5.

V. La libra d'alcuna cosa mi costa sol. 3.
dimando quanto mi costi il cento?

S. Moltiplico li soldi 3. per 5. che fanno
lir. 15. e tanto dico costarne il cento.

V. Per qual ragione fare questo?

S. Perchie dourei moltiplicare 3. via 100.
& il prodotto diuiderlo per 20. per
farne lire, perche considero il 20. esser la quinta parte di cento, perciò moltiplico per 5. che fanno lir. 15. prezzo
del cento.

V. La libra d'alcuna mercantia mi costa
denari 3. dimando quello mi costi il
cento?

S. La medesima operatione di sopra serue,

ue, poiche tanti deniari vale l'oncia di alcuna cosa, tanti soldi vale la libra della medesima, perciò moltiplico per 5. li denari 3. che fanno lir. 1 5. come sopra.

V. Il cento delle lire guadagna ogni anno semplicemente lir. 5. dimando il guadagno di vna lira in mesi vno.

S. Parto per 5. le lire 5. guadagno, che nō viene denari vno, e tanto è il guadagno di vna lira in vn mese.

V. Per qual ragione fate questo?

S. E' che per regola del tre si dice, se in anni vno lirecento mi dà lir. 5. di guadagno, che mi darà lire vna in anni vno, poiche dourei moltiplicar per 20. per farne soldi, perciò considero il 20. essere la quinta parte di cento, così parto per 5. che ne viene soldi vno guadagno di lire vna in anni vno, e perche tanti soldi guadagna la lira l'anno, tanti ti denari guadagna la medesima il mese.

V. La libra della Seta vale lir. 18. dimādo il prezzo d'vn'oncia.

S. Per regola generale moltiplico il 5. via 18. e parto per 3. il medesimo prodotto, che l'auenimento sono soldi 30. prezzo dell'oncia.

V. Qual' è la ragione di questa?

S. E' che il 12. di 20, è li tre quinti perciò moltiplico per 5. e parto per 3.

V. La libra della Seta vale lir. 15. dimando il prezzo del ferlino.

S. Moltiplico il 15. per 5. e parto per 4. che l'auenimento sono denari 18. e tre quarti prezzo del ferlino.

V. Con qual ragione fate questo?

S. Perche il 16. e quattro quinti diuenti perciò moltiplico per 5. e parto per 4.

V. Haureste altra regola per far questo?

S. Si potrebbe anco fare in questa forma,

pri-

prima trouare il prezzo dell'oncia, che
sono soldi 2 5. & moltiplicarlo per 3.
& il prodotto diuiderlo per 4. che il
quotiente sono denari 1 8. e tre quarti,
come sopra, & la ragione di questa, è hè
il 1 2. e tre quarti di 1 6.

V. La libra del Pesce vale soldi 8. Dimando il prezzo dell' oncia?

S. Vale denari 8. perche tanti soldi vale la
libra della mercantia, tanti denari vale
l'oncia di quella.

V. La libra della Seta vale lir. 1 5. 1 8. 6.
Dimando il prezzo dell' oncia?

S. Prima dico lir. 1 5. l'oncia valere soldi
2 5. mà vi sono di più soldi 1 8. 6. perche tanti soldi vale la libra, tanti dinari
vale l'oncia li 1 8. soldi sono soldi 1. 6.
& li 6. dinari sono vn mezo, perciò dico valere l'oncia soldi 2 6. dinari 6. e
mezo.

V. La corba del vino vale lir. 6 Dimando

C il

il prezzo del Boccale?

S. Partò per 3. il 6. che ne viene soldi 2.
& tanto vale il Boccale.

V. Per qual ragione fate voi questo?

S. Perche dourei dire con la regola de tre
Boccali 60. mi dano lir. 6. che mi darà Boccali vno, & moltiplicar per 2 o.
sotto il 6. per farne soldi, perciò considero il medesimo 20. esser di 60. la terza parte, & per questo parto per trei.

V. La corba del vino mi costa lir. 6. dimando il prezzo della foglietta?

S. Parto per 12. il medesimo 6. che ne
vegono denari 6. prezzo della foglietta.

V. Vorrei sapere la ragione di questa?

S. Faccio questo per esser il 20. di 240.
fogliette, che vanno alla corba il dodi-
cesimo.

V. La corba del formento vale lir. 7. Dimando il prezzo d' vn quartirolo?

S. Moltiplico le lir. 7. per 5. & parto per
4. che

4. che l'auenimento fono foldi 8: de pari 9 prezzo d' vn quartirolo.

V. Per qual ragione fatte voi quefto?

S. Perche il 16. di 20 e quattro quinti.

V. Il pefo d' alcuna mercantia vale lir, 7. dimando il prezo della libra?

S. Moltiplico il 7. per 4. & parto per 5. che il quotiente fono foldi 5. 7. & vn quinto prezzo della libra, e la ragione di quefto è, che il 20. è quattro quinti di 25.

V. Il 100. della canepa vale lir. 15. dimando il prezzo del migliaio?

S. Moltiplico per 10. il 15. che fanno lir. 150. e tanto vale il 1000.

V. Per qual ragione fatte quefto?

S. Perche il primo termine finiftro della regola del tre è la decima parte del terzo deftro.

V. Il 100. del fapone vale lir. 28. dimando il prezzo d' vn pefo?

S. Par-

S. Parto per 4. il 28. che il quotiente fono lir. 7. prezzo del pefo, & la ragione di quefto è, che il 25. è la quarta parte di cento.

V. Il migliaio del ferro vale lir. 40. diman do il prezzo della libra?

S. Moltiplico il 40. per 6. & parto per 25. che il quotiente fono denari 9. & tre quinti prezzo della libra.

V. Per qual ragione fate quefto?

S. Perche 240. quantità della lira è di 1000. & fei vigefimi quinti.

V. La libra dell'oglio vale foldi 5. dimando il prezzo del migliaio.

S. Dico li foldi 5. effer dinari 60. quali mol tiplico per 25. & parto per fei per la ragione di fopra, che il quotiente fono lir. 250. prezzo del migliaio dell oglio.

V. Francefco guadagna lir. 20. il mefe dimando quello guadagni il giorno?

S. Mol-

S. Moltiplico le lir. 20. per 2 & parto per tre, che il quotiente sono soldi 13. 4. e tanto guadagna Francesco il giorno.

V. Per qual ragione fate questo?

S. Perche dourei moltiplicare per 20. sotto le lir. 20. e poi partire per 30. perciò tagliato dal 30. il zero, & dal venti ne resta tre, & due, e poi opero, come hò detto.

V. Antonio guadagna ogni giorno soldi 12. dimando quante lire guadagnarà il mese.

S. Moltiplico 3. per il 12. & parto per 2 che ne viene lir. 18. e tanto guadagna il mese, e questo lo faccio per le ragioni addotte di sopra.

V. Gerolamo guadagna ogni mese soldi 50. dimando quello guadagni il giorno.

S. Moltiplico per 2. e parto per 5. che il prodotto sono dinari 20. tanto guada-

gna

Lightning Source UK Ltd.
Milton Keynes UK
UKHW020216030119
334668UK00005B/200/P